Rechenbuch für Vorschulen.

In drei Heften

herausgegeben

von

J. Augsburger,
Lehrer a. d. Vorschule des Königl. Luisen-Gymnasiums zu Berlin.

Heft III.

Mündliche und schriftliche Übungen im unbegrenzten Zahlenraum.
Resolvieren und Reduzieren.

Berlin, 1884.
Druck und Verlag von G. Reimer.

Der Zahlenkreis von 1 bis 1000 und der unbegrenzte Zahlenkreis.

Aufgaben für das mündliche Rechnen.

I. Addition und Subtraktion.

1. Stufe.

Addition.

Beispiele:

	1)	2)
Aufgabe:	308 + 405 = ?	503 + 260 = ?
Lösung	308 + 400 = 708	503 + 200 = 703
	708 + 5 = 713	703 + 60 = 763
folglich:	308 + 405 = 713	503 + 260 = 763

1.	2.	3.	4.
108 + 106 =	105 + 305 =	107 + 209 =	308 + 206 =
104 + 109 =	704 + 209 =	206 + 708 =	105 + 109 =
203 + 107 =	307 + 204 =	509 + 304 =	207 + 504 =
209 + 208 =	509 + 206 =	304 + 207 =	606 + 107 =
305 + 607 =	806 + 107 =	607 + 109 =	307 + 405 =
406 + 205 =	109 + 604 =	208 + 506 =	703 + 109 =
507 + 403 =	608 + 206 =	404 + 208 =	209 + 707 =
208 + 309 =	207 + 404 =	601 + 109 =	106 + 608 =
804 + 108 =	405 + 507 =	302 + 508 =	808 + 105 =
609 + 307 =	506 + 209 =	706 + 106 =	309 + 407 =

5.	6.	7.	8.
206 + 130 =	607 + 360 =	150 + 206 =	301 + 460 =
405 + 260 =	306 + 110 =	230 + 304 =	270 + 304 =
307 + 630 =	704 + 270 =	170 + 403 =	505 + 170 =
501 + 290 =	108 + 340 =	720 + 107 =	340 + 206 =
708 + 140 =	507 + 230 =	440 + 205 =	502 + 320 =
609 + 250 =	209 + 480 =	360 + 501 =	190 + 309 =
207 + 320 =	803 + 110 =	240 + 608 =	203 + 540 =
308 + 240 =	408 + 480 =	890 + 109 =	740 + 104 =
604 + 190 =	304 + 370 =	560 + 204 =	307 + 260 =
505 + 210 =	605 + 150 =	730 + 202 =	820 + 108 =

Beispiel:

340 + 250 = ?

340 + 200 = 540
540 + 50 = 590

340 + 250 = 590

1.	2.	3.	4.
160 + 130 =	230 + 420 =	170 + 310 =	350 + 230 =
150 + 120 =	240 + 130 =	240 + 530 =	680 + 110 =
130 + 150 =	130 + 610 =	410 + 270 =	530 + 260 =
210 + 170 =	570 + 220 =	340 + 320 =	320 + 340 =
250 + 230 =	340 + 440 =	630 + 110 =	170 + 220 =
310 + 450 =	610 + 170 =	210 + 360 =	450 + 330 =
670 + 220 =	460 + 230 =	560 + 430 =	640 + 150 =
480 + 510 =	220 + 460 =	430 + 310 =	220 + 670 =
240 + 350 =	560 + 210 =	650 + 220 =	830 + 140 =
520 + 130 =	260 + 320 =	540 + 330 =	120 + 360 =

Subtraktion.

Beispiel:

817 — 308 = ?

817 — 300 = 517
517 — 8 = 509

817 — 308 = 509

5.	6.	7.	8.
416 — 209 =	749 — 409 =	312 — 107 =	615 — 209 =
815 — 407 =	874 — 504 =	738 — 408 =	257 — 307 =
712 — 208 =	228 — 108 =	811 — 404 =	911 — 604 =
917 — 609 =	573 — 203 =	673 — 303 =	329 — 109 =
211 — 104 =	319 — 109 =	316 — 207 =	613 — 207 =
314 — 206 =	483 — 203 =	983 — 603 =	776 — 406 =
513 — 105 =	666 — 406 =	512 — 305 =	518 — 309 =
415 — 309 =	947 — 707 =	448 — 308 =	844 — 604 =
912 — 707 =	556 — 306 =	216 — 107 =	217 — 108 =
614 — 308 =	279 — 109 =	823 — 603 =	954 — 704 =

Beispiel:

780 — 350 = ?

780 — 300 = 480
480 — 50 = 430

780 — 350 = 430

1.	2.	3.	4.
250 — 130 =	590 — 260 =	380 — 240 =	950 — 420 =
370 — 160 =	760 — 620 =	990 — 810 =	760 — 330 =
860 — 420 =	280 — 130 =	460 — 240 =	340 — 110 =
540 — 210 =	950 — 740 =	780 — 450 =	680 — 560 =
660 — 330 =	430 — 210 =	270 — 160 =	240 — 120 =
790 — 560 =	870 — 550 =	530 — 210 =	960 — 640 =
480 — 230 =	450 — 220 =	890 — 660 =	590 — 380 =
850 — 720 =	680 — 370 =	470 — 140 =	640 — 220 =
390 — 270 =	960 — 450 =	980 — 630 =	770 — 460 =
640 — 410 =	350 — 140 =	730 — 410 =	930 — 610 =

---

2. Stufe.

Addition.

Beispiele:

1) 436 + 240 = ?
436 + 200 = 636
636 + 40 = 676
436 + 240 = 676

2) 230 + 359 = ?
230 + 300 = 530
530 + 50 = 580
580 + 9 = 589
230 + 359 = 589

3) 247 + 323 = ?
247 + 300 = 547
547 + 20 = 567
567 + 3 = 570
247 + 323 = 570

4) 448 + 329 = ?
448 + 300 = 748
748 + 20 = 768
768 + 9 = 777
448 + 329 = 777

5.	6.	7.	8.
135 + 160 =	340 + 225 =	240 + 436 =	145 + 204 =
241 + 350 =	220 + 456 =	129 + 250 =	234 + 102 =
329 + 430 =	730 + 166 =	370 + 429 =	361 + 406 =
516 + 270 =	450 + 218 =	452 + 330 =	233 + 205 =
423 + 240 =	330 + 341 =	560 + 112 =	656 + 303 =
851 + 130 =	420 + 256 =	223 + 460 =	414 + 201 =
667 + 320 =	810 + 137 =	740 + 251 =	872 + 107 =
148 + 350 =	540 + 211 =	416 + 230 =	323 + 304 =
317 + 230 =	350 + 425 =	820 + 156 =	645 + 203 =
579 + 120 =	410 + 269 =	769 + 220 =	287 + 501 =

9.	10.	11.	12.
305 + 132 =	802 + 116 =	143 + 134 =	462 + 316 =
601 + 168 =	204 + 344 =	224 + 253 =	716 + 142 =
406 + 242 =	705 + 221 =	651 + 118 =	534 + 244 =
503 + 475 =	301 + 398 =	347 + 421 =	256 + 432 =
107 + 252 =	404 + 213 =	875 + 123 =	733 + 156 =

1.	2.	3.	4.
203 + 147 =	201 + 179 =	236 + 104 =	616 + 204 =
405 + 225 =	602 + 348 =	367 + 403 =	252 + 608 =
307 + 333 =	308 + 162 =	415 + 205 =	423 + 107 =
706 + 164 =	409 + 441 =	739 + 101 =	514 + 406 =
504 + 236 =	703 + 177 =	561 + 309 =	748 + 202 =

5.	6.	7.	8.
124 + 236 =	134 + 208 =	205 + 237 =	245 + 129 =
219 + 441 =	228 + 107 =	309 + 126 =	137 + 316 =
435 + 155 =	365 + 406 =	806 + 119 =	258 + 235 =
748 + 132 =	559 + 204 =	405 + 286 =	634 + 127 =
362 + 418 =	746 + 108 =	708 + 325 =	516 + 218 =
811 + 129 =	428 + 305 =	107 + 216 =	328 + 346 =
553 + 237 =	639 + 207 =	509 + 244 =	445 + 227 =
627 + 163 =	575 + 408 =	606 + 128 =	827 + 119 =
246 + 524 =	317 + 304 =	305 + 249 =	274 + 418 =
351 + 319 =	829 + 105 =	707 + 137 =	628 + 233 =

Subtraktion.

Beispiele:

1) 579 — 340 = ?

579 — 300 = 279
279 — 40 = 239

579 — 340 = 239

2) 668 — 425 = ?

668 — 400 = 268
268 — 20 = 248
248 — 5 = 243

668 — 425 = 243

3) 790 — 537 = ?

790 — 500 = 290
290 — 30 = 260
260 — 7 = 253

790 — 537 = 253

4) 482 — 258 = ?

482 — 200 = 282
282 — 50 = 232
232 — 8 = 224

482 — 258 = 224

9.	10.	11.	12.
293 — 160 =	238 — 105 =	287 — 134 =	780 — 308 =
548 — 320 =	359 — 207 =	659 — 325 =	690 — 406 =
769 — 450 =	837 — 406 =	396 — 283 =	230 — 103 =
337 — 110 =	649 — 504 =	944 — 612 =	470 — 209 =
473 — 360 =	774 — 602 =	428 — 116 =	750 — 604 =
851 — 630 =	418 — 205 =	567 — 425 =	580 — 305 =
695 — 270 =	597 — 104 =	378 — 167 =	320 — 107 =
368 — 150 =	364 — 202 =	855 — 533 =	990 — 709 =
754 — 420 =	739 — 506 =	637 — 415 =	670 — 402 =
389 — 160 =	876 — 404 =	983 — 761 =	430 — 208 =

1.	2.	3.	4.
940 — 624 =	486 — 208 =	352 — 139 =	648 — 107 =
780 — 436 =	875 — 607 =	764 — 527 =	934 — 722 =
470 — 218 =	732 — 405 =	575 — 248 =	390 — 206 =
650 — 325 =	264 — 106 =	983 — 736 =	680 — 414 =
290 — 169 =	743 — 509 =	227 — 119 =	533 — 308 =
530 — 217 =	325 — 107 =	694 — 455 =	796 — 529 =
880 — 556 =	687 — 408 =	332 — 214 =	367 — 104 =
360 — 245 =	944 — 705 =	885 — 668 =	248 — 125 =
770 — 525 =	275 — 109 =	752 — 223 =	640 — 307 =
250 — 123 =	861 — 504 =	964 — 548 =	975 — 608 =

3. Stufe.

Addition.

Beispiele:

1) 70 + 80 = ?

70 + 30 = 100
100 + 50 = 150

70 + 80 = 150

2) 360 + 490 = ?

360 + 400 = 760
760 + 90 = 850

360 + 490 = 850

5.	6.	7.	8.
30 + 80 =	60 + 60 =	140 + 60 =	170 + 60 =
70 + 60 =	40 + 80 =	270 + 30 =	280 + 50 =
40 + 90 =	50 + 90 =	450 + 50 =	740 + 90 =
80 + 50 =	70 + 70 =	760 + 40 =	390 + 70 =
20 + 90 =	80 + 40 =	320 + 80 =	560 + 80 =
60 + 70 =	60 + 90 =	610 + 90 =	870 + 40 =
50 + 80 =	90 + 50 =	980 + 20 =	660 + 90 =
40 + 70 =	30 + 90 =	530 + 70 =	480 + 30 =
60 + 50 =	80 + 60 =	790 + 10 =	750 + 60 =
70 + 90 =	60 + 80 =	370 + 30 =	840 + 80 =

9.	10.	11.	12.
560 + 70 =	360 + 50 =	130 + 180 =	260 + 480 =
370 + 80 =	580 + 70 =	250 + 370 =	170 + 340 =
890 + 50 =	790 + 20 =	360 + 260 =	540 + 270 =
450 + 60 =	250 + 90 =	480 + 340 =	750 + 190 =
760 + 70 =	870 + 60 =	270 + 450 =	180 + 430 =
280 + 90 =	640 + 80 =	150 + 560 =	370 + 380 =
860 + 50 =	190 + 30 =	590 + 220 =	660 + 250 =
590 + 30 =	860 + 70 =	370 + 180 =	490 + 120 =
160 + 60 =	350 + 90 =	680 + 270 =	280 + 540 =
380 + 50 =	270 + 40 =	160 + 450 =	760 + 170 =

Subtraktion.

Beispiele:

1) 160 — 90 = ?
160 — 60 = 100
100 — 30 = 70
160 — 90 = 70

2) 550 — 380 = ?
550 — 300 = 250
250 — 80 = 170
550 — 380 = 170

1.	2.	3.	4.
100 — 70 =	100 — 40 =	150 — 60 =	240 — 80 =
200 — 50 =	400 — 70 =	130 — 70 =	420 — 60 =
400 — 60 =	700 — 50 =	110 — 30 =	750 — 90 =
300 — 90 =	900 — 80 =	160 — 80 =	370 — 80 =
700 — 60 =	300 — 20 =	140 — 50 =	860 — 70 =
1000 — 40 =	500 — 40 =	120 — 70 =	540 — 50 =
600 — 10 =	1000 — 90 =	170 — 90 =	250 — 80 =
500 — 30 =	600 — 30 =	150 — 80 =	630 — 60 =
800 — 80 =	200 — 70 =	180 — 90 =	340 — 70 =
900 — 20 =	800 — 60 =	120 — 40 =	810 — 30 =

5.	6.	7.	8.
230 — 60 =	250 — 170 =	240 — 160 =	740 — 370 =
820 — 40 =	760 — 490 =	550 — 370 =	310 — 160 =
350 — 90 =	310 — 130 =	830 — 540 =	850 — 590 =
740 — 50 =	530 — 250 =	710 — 180 =	230 — 180 =
210 — 30 =	950 — 780 =	230 — 150 =	420 — 240 =
830 — 60 =	440 — 160 =	620 — 290 =	860 — 580 =
440 — 80 =	820 — 430 =	510 — 230 =	550 — 160 =
610 — 20 =	730 — 270 =	220 — 140 =	280 — 190 =
320 — 40 =	210 — 140 =	840 — 470 =	640 — 470 =
530 — 90 =	660 — 380 =	750 — 260 =	910 — 830 =

---

4. Stufe.

Addition.

Beispiele:

1) 70 + 58 = ?
70 + 50 = 120
120 + 8 = 128
70 + 58 = 128

2) 440 + 295 = ?
440 + 200 = 640
640 + 90 = 730
730 + 5 = 735
440 + 295 = 735

9.	10.	11.	12.
80 + 74 =	340 + 89 =	670 + 57 =	60 + 83 =
150 + 68 =	90 + 48 =	30 + 94 =	560 + 78 =
70 + 53 =	450 + 63 =	280 + 36 =	90 + 29 =
290 + 85 =	50 + 84 =	70 + 65 =	840 + 94 =
60 + 77 =	580 + 92 =	790 + 42 =	50 + 77 =

1.	2.	3.	4.
340 + 179 =	450 + 282 =	168 + 290 =	357 + 260 =
670 + 245 =	370 + 367 =	384 + 440 =	666 + 180 =
280 + 331 =	580 + 143 =	752 + 180 =	495 + 450 =
160 + 468 =	290 + 455 =	291 + 330 =	268 + 370 =
790 + 126 =	660 + 273 =	564 + 270 =	372 + 150 =

Subtraktion.

Beispiele:

1) 447 — 70 = ?
440 — 70 = 370
370 + 7 = 377
447 — 70 = 377 *)

2) 559 — 290 = ?
559 — 200 = 359
359 — 90 = 269
559 — 290 = 269

5.	6.	7.	8.
135 — 60 =	328 — 60 =	345 — 170 =	462 — 180 =
247 — 80 =	112 — 20 =	416 — 240 =	741 — 350 =
561 — 70 =	453 — 70 =	732 — 450 =	327 — 270 =
852 — 90 =	237 — 50 =	258 — 180 =	634 — 360 =
129 — 40 =	564 — 90 =	567 — 390 =	866 — 590 =
376 — 80 =	115 — 30 =	841 — 670 =	257 — 170 =
438 — 50 =	246 — 60 =	629 — 260 =	916 — 630 =
117 — 30 =	779 — 90 =	444 — 180 =	543 — 270 =
923 — 60 =	344 — 80 =	727 — 340 =	778 — 490 =
564 — 90 =	622 — 50 =	236 — 190 =	425 — 150 =

5. Stufe.

Addition.

Beispiele:

1) 78 + 56 = ?
78 + 50 = 128
128 + 6 = 134
78 + 56 = 134

2) 365 + 85 = ?
365 + 80 = 445
445 + 5 = 450
365 + 85 = 450

3) 248 + 486 = ?
248 + 400 = 648
648 + 80 = 728
728 + 6 = 734
248 + 486 = 734

9.	10.	11.	12.
57 + 82 =	29 + 95 =	84 + 64 =	46 + 74 =
43 + 97 =	41 + 86 =	27 + 92 =	54 + 83 =
78 + 46 =	87 + 43 =	53 + 87 =	66 + 52 =
65 + 73 =	68 + 59 =	75 + 59 =	83 + 37 =
82 + 58 =	92 + 34 =	81 + 44 =	37 + 91 =

*) Andere Lösung: 70 = 47 + 23; 447 — 47 = 400, 400 — 23 = 377.

1.	2.	3.	4.
55 + 81 =	58 + 76 =	62 + 76 =	58 + 69 =
48 + 92 =	36 + 83 =	88 + 32 =	32 + 96 =
79 + 58 =	74 + 66 =	75 + 46 =	55 + 75 =
62 + 65 =	88 + 55 =	41 + 83 =	86 + 68 =
77 + 43 =	93 + 84 =	66 + 74 =	49 + 82 =

5.	6.	7.	8.
135 + 82 =	268 + 91 =	146 + 172 =	394 + 166 =
456 + 74 =	574 + 86 =	258 + 282 =	147 + 388 =
528 + 96 =	345 + 79 =	376 + 148 =	576 + 243 =
771 + 54 =	884 + 43 =	564 + 263 =	358 + 275 =
362 + 78 =	469 + 81 =	482 + 358 =	683 + 154 =
245 + 85 =	736 + 96 =	197 + 435 =	277 + 463 =
679 + 48 =	582 + 55 =	676 + 183 =	791 + 174 =
867 + 52 =	697 + 63 =	251 + 379 =	435 + 385 =
184 + 36 =	278 + 49 =	488 + 236 =	158 + 279 =
278 + 58 =	443 + 76 =	793 + 144 =	536 + 194 =

Subtraktion.

Beispiele:

1) 156 — 79 = ?

156 — 70 = 86
86 — 9 = 77

156 — 79 = 77

2) 462 — 288 = ?

462 — 200 = 262
262 — 80 = 182
182 — 8 = 174

462 — 288 = 174

9.	10.	11.	12.
137 — 64 =	150 — 68 =	237 — 65 =	570 — 88 =
155 — 83 =	130 — 42 =	348 — 76 =	330 — 64 =
128 — 44 =	180 — 96 =	454 — 81 =	750 — 77 =
146 — 73 =	160 — 85 =	836 — 45 =	410 — 45 =
179 — 97 =	120 — 37 =	625 — 52 =	660 — 92 =
114 — 32 =	140 — 69 =	319 — 34 =	320 — 36 =
157 — 75 =	170 — 88 =	768 — 94 =	950 — 81 =
138 — 84 =	110 — 51 =	535 — 72 =	240 — 64 =
164 — 92 =	150 — 72 =	866 — 83 =	510 — 32 =
133 — 58 =	160 — 91 =	218 — 54 =	870 — 89 =

13.	14.	15.	16.
125 — 49 =	435 — 88 =	326 — 154 =	436 — 188 =
243 — 78 =	718 — 49 =	735 — 483 =	863 — 392 =
664 — 97 =	251 — 73 =	254 — 172 =	355 — 171 =
317 — 39 =	545 — 87 =	618 — 425 =	776 — 484 =
924 — 56 =	322 — 66 =	942 — 561 =	515 — 233 =

1.	2.	3.	4.
450 — 276 =	910 — 638 =	532 — 168 =	452 — 173 =
320 — 143 =	640 — 451 =	471 — 293 =	817 — 649 =
740 — 357 =	330 — 162 =	313 — 135 =	266 — 188 =
230 — 168 =	460 — 284 =	924 — 557 =	554 — 296 =
550 — 375 =	250 — 195 =	636 — 268 =	723 — 345 =

6. Stufe.

Addition.

Beispiele:

1) 600 + 900 = ?
600 + 400 = 1000
1000 + 500 = 1500
600 + 900 = 1500

2) 780 + 970 = ?
780 + 900 = 1680
1680 + 70 = 1750
780 + 970 = 1750

5.	6.	7.	8.
300 + 800 =	400 + 820 =	730 + 800 =	940 + 700 =
500 + 700 =	700 + 470 =	680 + 600 =	600 + 840 =
900 + 300 =	300 + 840 =	950 + 400 =	720 + 400 =
600 + 900 =	500 + 610 =	570 + 700 =	400 + 960 =
400 + 800 =	900 + 960 =	890 + 300 =	880 + 600 =
700 + 400 =	600 + 730 =	460 + 900 =	500 + 740 =
900 + 700 =	800 + 550 =	750 + 600 =	760 + 500 =
800 + 600 =	400 + 870 =	990 + 300 =	800 + 590 =
500 + 900 =	900 + 340 =	670 + 700 =	630 + 700 =
700 + 700 =	700 + 580 =	560 + 800 =	700 + 910 =

9.	10.	11.	12.
950 + 320 =	630 + 870 =	570 + 750 =	850 + 580 =
760 + 530 =	480 + 720 =	630 + 890 =	760 + 460 =
820 + 450 =	750 + 850 =	960 + 560 =	370 + 790 =
440 + 820 =	960 + 440 =	450 + 780 =	540 + 870 =
630 + 730 =	570 + 930 =	880 + 930 =	980 + 630 =
920 + 260 =	880 + 520 =	790 + 550 =	670 + 750 =
550 + 840 =	930 + 370 =	560 + 860 =	350 + 960 =
380 + 910 =	470 + 830 =	940 + 380 =	590 + 620 =
730 + 560 =	340 + 960 =	370 + 970 =	780 + 950 =
910 + 670 =	580 + 620 =	780 + 640 =	870 + 780 =

Subtraktion.

Beispiele:

1) 1700 — 900 = ?
1700 — 700 = 1000
1000 — 200 = 800
1700 — 900 = 800

2) 1530 — 870 = ?
1530 — 800 = 730
730 — 70 = 660
1530 — 870 = 660

1.	2.	3.
1200 — 500 =	1350 — 600 =	1450 — 650 =
1700 — 900 =	1470 — 800 =	1730 — 930 =
1100 — 300 =	1130 — 400 =	1870 — 970 =
1400 — 600 =	1780 — 900 =	1580 — 780 =
1800 — 900 =	1520 — 700 =	1240 — 440 =
1500 — 700 =	1670 — 800 =	1860 — 960 =
1300 — 400 =	1230 — 500 =	1120 — 520 =
1600 — 800 =	1480 — 600 =	1390 — 790 =
1100 — 600 =	1160 — 300 =	1650 — 850 =
1700 — 900 =	1590 — 900 =	1430 — 630 =

4.	5.	6.
1500 — 830 =	1270 — 850 =	1320 — 570 =
1300 — 470 =	1790 — 930 =	1140 — 460 =
1100 — 390 =	1160 — 420 =	1450 — 790 =
1600 — 940 =	1480 — 760 =	1260 — 680 =
1200 — 560 =	1750 — 810 =	1610 — 930 =
1400 — 810 =	1390 — 570 =	1330 — 870 =
1700 — 930 =	1540 — 620 =	1520 — 740 =
1500 — 620 =	1460 — 950 =	1740 — 980 =
1800 — 990 =	1630 — 810 =	1120 — 350 =
1600 — 850 =	1250 — 530 =	1630 — 870 =

Aufgaben für das schriftliche Rechnen.

Lesen und Schreiben der Zahlen im unbegrenzten Zahlenkreise.

10 Einer = 1 Zehner = ...	10
10 Zehner = 1 Hunderter = ...	100
10 Hunderter = 1 Tausender = ...	1000
10 Tausender = 1 Zehntausender = ...	10 000
10 Zehntausender = 1 Hunderttausender = . .	100 000
10 Hunderttausender = 1 Millioner = ...	1 000 000
10 Millioner = 1 Zehnmillioner = ...	10 000 000
10 Zehnmillioner = 1 Hundertmillioner = .	100 000 000
10 Hundertmillioner = 1 Tausendmillioner =	1 000 000 000

Die Einer (E)	stehen in der	1sten	Stelle	
„ Zehner (Z)	„ „ „	2 ten	„	von rechts nach links
„ Hunderter (H) . . .	„ „ „	3 ten	„	„ „ „ „
„ Tausender (T) . . .	„ „ „	4 ten	„	„ „ „ „
„ Zehntausender (ZT) .	„ „ „	5 ten	„	„ „ „ „
„ Hunderttausender (HT)	„ „ „	6 ten	„	„ „ „ „
„ Millioner (M) . . .	„ „ „	7 ten	„	„ „ „ „
„ Zehnmillioner (ZM) .	„ „ „	8 ten	„	„ „ „ „
„ Hundertmillioner (HM)	„ „ „	9 ten	„	„ „ „ „
„ Tausendmillioner (TM)	„ „ „	10 ten	„	„ „ „ „

TM	HM	ZM	M	HT	ZT	T	H	Z	E
10	9	8	7	6	5	4	3	2	1
						5	7	2	8
					1	4	8	9	3
				1	4	2	7	8	4

In vorstehendes Schema werden die folgenden Zahlen eingetragen, nachdem sie vorher zerlegt und gelesen worden; z. B.:

5 728 = 5 T, 7 H, 2 Z, 8 E.

1.	**2.**	**3.**	**4.**	**5.**
5 728	7 039	14 893	20 340	142 784
7 964	6 094	57 236	80 066	237 950
3 570	2 085	91 680	70 000	528 600
6 780	3 007	55 800	30 074	450 000
9 900	8 005	21 906	10 203	700 000
7 600	5 090	43 007	33 040	385 308
5 806	9 000	60 384	92 935	926 005
2 109	4 006	50 607	40 700	813 070
4 800	7 015	40 080	80 036	640 039
7 990	8 762	51 601	73 008	200 058

6.	**7.**	**8.**	**9.**
306 062	1 462 783	3 820 306	13 251 896
700 803	5 259 130	4 059 280	26 530 290
680 004	8 730 295	9 300 542	40 708 005
350 256	2 855 000	7 806 004	95 007 308
190 070	7 060 840	6 205 833	51 300 746
820 600	3 000 998	1 007 080	72 958 000
304 009	4 008 070	5 500 209	32 070 408
600 005	9 060 809	2 760 000	89 042 700
309 008	6 900 024	8 375 681	23 704 809
500 070	8 000 900	1 802 749	11 095 003

10.	**11.**	**12.**	**13.**
276 538 924	2 030 700 503	3 008	603 089
560 320 800	9 008 050 086	7 000 628	63 081 543
705 803 904	4 000 000	50 207	150 240 037
100 090 080	57 903	300 084	1 603 408
678 000 432	8 400	277 080 590	10 040
1 964 432 000	306 080	5 700 308	13 233 878
5 170 004 029	15 020 034	66 800	370 209 080
3 528 943 261	107 500	4 070	4 056 309

I. Addition.

1)	2)	3)	4)	5)
5 700	3 629	2 700	7 790	2 832
+ 2 890	4 853	3 000	4 582	9 466
+ 3 482	9 076	5 982	3 009	7 800
+ 5 034	5 007	8 654	4 280	3 040
+ 4 509	2 685	6 102	8 763	5 000
+ 7 008	7 060	3 051	5 954	8 007
+ 9 532	8 530	4 268	6 700	4 249
+ 1 680	4 209	7 690	2 880	1 658
+ 5 426	1 237	9 247	5 299	5 794
+ 8 190	6 041	3 426	3 860	9 808
= ?				

6) 2 790 + 8 000 + 2 466 + 5 090 + 7 004 + 1 694 + 5 433 + 2 084 + 7 140 + 9 234 =

7) 7 633 + 5 820 + 4 900 + 6 081 + 2 090 + 4 956 + 3 820 + 9 683 + 3 409 + 7 642 =

8) 5 672 + 7 084 + 9 007 + 3 800 + 2 784 + 8 462 + 4 703 + 2 640 + 7 814 + 4 206 =

9) 2 940 + 5 762 + 8 972 + 4 070 + 8 262 + 9 365 + 7 993 + 2 685 + 6 403 + 7 009 =

10) 8 456 + 9 466 + 7 030 + 6 550 + 8 362 + 4 268 + 9 773 + 1 234 + 6 400 + 7 216 =

11) 8 860 + 2 340 + 7 003 + 4 268 + 7 135 + 3 402 + 2 680 + 2 315 + 6 200 + 1 294 =

12) 5 662 + 1 468 + 7 234 + 5 062 + 6 400 + 7 102 + 2 344 + 7 000 + 8 414 + 6 124 =

13) 3 368 + 1 426 + 2 816 + 3 474 + 7 030 + 2 119 + 7 008 + 5 203 + 9 000 + 7 610 =

14) 9 400 + 3 268 + 9 211 + 2 344 + 1 563 + 5 000 + 2 133 + 7 428 + 5 300 + 1 507 =

15) 7 614 + 8 007 + 3 426 + 9 862 + 4 636 + 7 048 + 2 990 + 5 784 + 3 970 + 5 018 =

16)	17)	18)	19)
13 728	25 813	42 080	10 932
45 818	77 040	73 512	91 468
96 274	50 800	26 909	20 213
22 806	33 659	30 048	47 002
74 005	12 703	67 532	32 804
36 000	85 209	44 819	16 259
57 009	70 033	39 000	55 638
22 818	64 213	72 150	77 400
17 506	96 485	19 831	35 628
28 300	55 207	11 502	12 345

1) 72 344 + 18 660 + 43 924 + 80 900 + 25 406 + 15 639 + 20 000 + 65 403 + 12 307 + 56 900 =

2) 41 036 + 50 733 + 60 008 + 15 789 + 32 009 + 19 503 + 33 684 + 17 804 + 23 806 + 60 713 =

3) 10 805 + 19 360 + 44 631 + 70 300 + 18 000 + 21 369 + 99 804 + 15 123 + 41 030 + 77 146 =

4) 25 308 + 16 908 + 35 297 + 23 968 + 13 200 + 61 433 + 53 100 + 62 814 + 50 260 + 25 840 =

5) 23 000 + 77 483 + 16 009 + 24 833 + 87 163 + 12 345 + 60 038 + 27 349 + 10 770 + 18 512 =

6) 50 800 + 33 114 + 60 120 + 34 620 + 12 903 + 19 140 + 41 250 + 23 667 + 15 500 + 70 039 =

7) 96 814 + 60 080 + 35 104 + 20 070 + 21 818 + 16 900 + 12 349 + 67 400 + 19 876 + 66 904 =

8) 86 402 + 13 140 + 10 001 + 17 406 + 19 753 + 19 042 + 16 938 + 13 192 + 61 823 + 33 668 =

9)	10)	11)	12)
7 305	5 869	70 340	20 348
159	237	1 520	6
27	6 009	96	495
8	5	377	7 006
35	86	8 613	42
268	3 532	6	98 037
9 470	41	23 975	5 864
706	600	466	73
98	25	80	8
1 207	9	41 039	190

13) 3 740 + 82 + 460 + 9 + 2 307 + 48 + 1 005 + 65 + 489 + 1 299 =

14) 446 + 7 230 + 88 + 5 690 + 7 + 26 + 416 + 6 900 + 659 + 6 =

15) 5 + 199 + 3 700 + 68 + 290 + 5 000 + 673 + 76 + 5 144 + 42 =

16) 91 + 2 794 + 5 + 133 + 5 840 + 6 778 + 400 + 2 + 1 997 + 36 =

17) 4 983 + 2 + 7 600 + 8 + 6 413 + 276 + 3 842 + 11 298 + 16 + 6 508 =

18) 76 + 322 + 8 + 160 + 4 836 + 26 + 5 804 + 296 + 3 568 + 56 =

19) 15 260 + 3 942 + 608 + 18 + 4 + 77 642 + 17 + 60 084 + 9 + 50 206 =

20) 6 180 + 39 + 76 235 + 148 + 7 + 1 884 + 13 + 160 + 85 + 34 809 =

1) 70 492 + 6 418 + 196 + 17 + 3 + 62 406 + 908 + 1 786 + 619 + 65 =

2) 88 + 4 239 + 53 290 + 49 273 + 16 + 6 + 188 + 37 804 + 2 900 + 40 =

3) 46 104 + 126 + 5 038 + 12 + 9 + 930 + 52 + 177 + 59 + 13 259 =

4) 6 + 288 + 54 260 + 81 + 633 + 2 + 4 340 + 19 + 4 833 + 70 944 =

5)	6)	7)	8)
104 260	526 903	219 003	574 862
259 304	169 847	567 986	730 040
506 800	406 043	193 715	192 541
700 090	270 400	847 436	200 368
456 793	135 680	260 080	904 203
260 054	246 914	534 173	116 800
186 409	400 600	703 268	307 418
215 460	870 306	217 844	793 085
919 736	714 200	100 500	138 179
408 090	183 640	648 155	217 483

9) 125 615 + 304 819 + 102 889 + 200 053 + 761 800 + 337 060 + 459 281 + 610 008 + 152 408 + 387 407 =

10) 220 703 + 562 110 + 703 040 + 884 713 + 216 899 + 167 003 + 450 206 + 187 309 + 400 093 + 123 567 =

11) 386 571 + 219 030 + 863 057 + 445 833 + 109 807 + 217 340 + 760 408 + 246 803 + 100 800 + 462 318 =

12) 551 623 + 173 031 + 284 039 + 476 005 + 121 347 + 198 784 + 204 207 + 987 006 + 640 832 + 735 080 =

13) 362 179 + 261 653 + 223 671 + 861 500 + 208 709 + 500 703 + 420 018 + 501 502 + 369 258 + 416 001 =

14) 678 903 + 546 284 + 195 009 + 123 004 + 540 389 + 281 660 + 107 302 + 207 306 + 500 678 + 712 407 =

15) 562 481 + 210 058 + 678 100 + 280 084 + 640 238 + 122 304 + 734 619 + 347 040 + 642 305 + 564 310 =

16) 680 310 + 471 640 + 216 384 + 388 000 + 963 805 + 472 843 + 837 400 + 847 612 + 706 042 + 406 030 =

17)	18)	19)	20)
209 408	49	16 807	200 800
57 053	6 030	204 090	17 653
6 189	107 468	3 245	4 009
704	259	673	681
59	46 300	5	72
3	200 783	49	4
247	9	322 948	35
5 020	354	5 600	206
17 933	62	25	4 355
208 469	4 830	149	670 809

1) 460 920 + 170 + 3 508 + 440 + 200 509 + 17 800 + 1 935 + 7 + 30 050 + 77 880 =

2) 68 + 8 + 199 + 5 000 + 43 672 + 174 009 + 23 + 406 789 + 17 330 + 37 =

3) 468 957 + 269 + 44 + 5 + 10 300 + 569 + 188 + 200 600 + 8 + 77 =

4) 564 + 18 + 310 620 + 3 + 198 + 33 + 169 + 22 709 + 17 + 304 296 =

5) 124 800 + 7 369 + 5 009 + 29 + 143 + 11 + 76 + 105 210 + 123 + 5 432 =

6) 4 000 + 270 + 980 765 + 2 + 127 + 3 000 + 763 700 + 46 + 189 + 4 880 =

7)	8)	9)
6 480 713	7 523 004	768
2 003 805	306 940	16 904
7 416 329	63 872	4 090 830
5 830 072	4 600	65
1 050 304	109	7
8 200 948	76	406 051
6 395 004	4	288
2 040 680	35	70 840
5 736 810	270	213 986
7 403 709	8 409 609	157

10) 6 219 400 + 97 + 850 940 + 133 + 2 780 + 54 + 660 890 + 13 004 + 8 + 299 =

11) 51 459 + 7 229 580 + 130 + 5 769 + 16 + 3 200 + 15 430 + 220 + 4 + 6 890 080 =

12) 67 + 183 + 16 840 + 3 009 482 + 7 + 122 904 + 583 073 + 13 + 449 + 62 819 =

13) 4 623 + 1 200 300 + 17 460 + 59 + 3 + 2 819 + 104 035 + 673 + 18 + 2 936 =

14) 8 517 930 + 2 694 + 550 900 + 14 + 596 + 8 + 77 + 368 + 406 709 + 226 =

15) 13 482 920 + 114 840 + 17 + 5 208 709 + 59 + 6 780 368 + 13 709 + 199 + 6 + 6 840 =

II. Subtraktion.

Beispiel:

2 764
— 1 352
1 412

16)	17)	18)	19)	20)	21)
9 856	7 346	5 814	7 685	8 925	6 879
— 3 425	— 4 132	— 2 102	— 3 455	— 612	— 468

1) 7 952 — 5 311 =	6) 5 432 — 4 212 =
2) 8 765 — 4 232 =	7) 7 096 — 5 074 =
3) 9 424 — 6 221 =	8) 4 380 — 2 160 =
4) 8 307 — 5 106 =	9) 5 097 — 3 084 =
5) 6 540 — 2 330 =	10) 9 008 — 7 007 =

11) 28 935 — 14 523 =	16) 26 987 — 14 562 =
12) 59 279 — 27 043 =	17) 56 700 — 3 400 =
13) 38 668 — 15 405 =	18) 68 421 — 5 301 =
14) 54 097 — 2 046 =	19) 79 906 — 802 =
15) 60 805 — 502 =	20) 85 094 — 3 063 =

21) 153 642 — 121 520 =	26) 843 260 — 321 050 =
22) 604 939 — 2 717 =	27) 905 096 — 4 075 =
23) 983 720 — 41 610 =	28) 364 069 — 22 046 =
24) 670 853 — 50 421 =	29) 457 823 — 304 702 =
25) 764 009 — 3 004 =	30) 509 204 — 7 103 =

Beispiele:

1) 10 10	2)
26.09.0	9.07.0
— 2 74 8	— 4 63 9
23 34 2	4 43 1

31) 8 640	32) 6 507	33) 4 093
— 3 526	— 3 264	— 2 741

34) 37 084	35) 45 680	36) 867 320
— 4 813	— 31 423	— 4 218

37) 9 640 — 4 328 =	47) 3 607 038 — 462 314 =
38) 17 060 — 4 723 =	48) 70 630 — 32 416 =
39) 7 084 — 4 813 =	49) 506 030 — 42 617 =
40) 45 680 — 31 423 =	50) 63 406 — 273 =
41) 6 507 — 3 264 =	51) 9 080 736 — 3 948 614 =
42) 536 090 — 13 746 =	52) 9 080 — 2 435 =
43) 87 908 — 26 374 =	53) 4 070 308 — 643 281 =
44) 5 680 — 329 =	54) 10 693 — 8 342 =
45) 1 073 084 — 461 723 =	55) 7 608 — 543 =
46) 8 070 — 4 726 =	56) 428 090 — 7 647 =

Beispiele:

1) 13 11	2)
68.3 4.16	8 3.54
— 1 8 3 74	— 4 2 91
66 5 0 42	4 0 63

1) 4 862 — 1 439 =
2) 45 463 — 1 392 =
3) 7 043 681 — 4 921 247 =
4) 625 034 — 512 617 =
5) 73 038 — 429 =
6) 9 482 — 4 739 =
7) 3 706 204 — 394 881 =
8) 186 318 — 3 284 =
9) 6 051 — 738 =
10) 22 493 — 1 746 =

11) 1 293 452 — 491 837 =
12) 428 070 — 19 436 =
13) 8 094 — 837 =
14) 7 684 — 2 837 =
15) 438 206 — 72 184 =
16) 4 416 280 — 4 963 =
17) 7 860 — 948 =
18) 77 124 — 26 913 =
19) 509 213 — 74 609 =
20) 144 271 — 72 839 =

Beispiele:

```
   12 10 11
1)  8.3.1.1        2)  45.3.2.3
   —6 9 2 3           —3 6 7 8
   ————————           ————————
    1 3 8 8            41 6 4 5
```

21) 79 411 — 23 894 =
22) 41 216 — 37 684 =
23) 84 523 — 3 549 =
24) 162 412 — 48 156 =
25) 1 573 218 — 938 149 =
26) 782 314 — 45 618 =
27) 4 234 152 — 1 463 968 =
28) 8 412 — 7 923 =
29) 17 625 — 8 537 =
30) 224 842 — 5 938 =

31) 471 243 — 81 946 =
32) 2 714 312 — 128 913 =
33) 732 844 — 6 479 =
34) 65 327 — 8 194 =
35) 761 852 — 432 973 =
36) 2 713 315 — 946 219 =
37) 317 852 — 164 897 =
38) 4 613 — 2 984 =
39) 76 312 — 19 358 =
40) 1 212 619 — 516 973 =

Beispiele:

```
      9 10
1)  7 6.0.0        2)  2.1.0.0.4.0
   —4 3 4 6           —1 5 6 3 7 4
   ————————           ————————————
    3 2 5 4              5 3 6 6 6
```

41) 70 084 — 32 146 =
42) 560 000 — 234 983 =
43) 1 500 300 — 732 948 =
44) 9 000 — 4 213 =
45) 76 000 — 14 320 =
46) 242 000 — 176 321 =
47) 500 638 — 14 829 =
48) 4 006 318 — 213 481 =
49) 16 080 — 9 814 =
50) 8 000 — 4 612 =

51) 1 050 007 — 732 164 =
52) 516 300 — 434 953 =
53) 17 800 — 8 364 =
54) 9 000 — 5 638 =
55) 35 000 — 16 728 =
56) 20 000 — 18 640 =
57) 740 080 — 26 357 =
58) 4 200 630 — 1 632 847 =
59) 18 300 — 8 490 =
60) 213 000 — 14 857 =

Wiederholungsaufgaben.

1) 6 718 — 2 834 =	11) 13 260 — 10 245 =
2) 9 400 — 3 245 =	12) 76 481 — 32 870 =
3) 2 030 — 1 568 =	13) 87 300 — 75 324 =
4) 9 564 — 5 321 =	14) 18 036 — 12 480 =
5) 8 000 — 6 329 =	15) 97 350 — 54 852 =
6) 3 600 — 2 460 =	16) 52 000 — 27 348 =
7) 5 818 — 3 544 =	17) 27 803 — 14 932 =
8) 7 060 — 6 450 =	18) 86 100 — 53 408 =
9) 8 145 — 6 000 =	19) 36 507 — 25 982 =
10) 2 706 — 1 458 =	20) 88 900 — 73 644 =

21) 523 680 — 165 945 =	31) 1 263 890 — 239 462 =
22) 208 950 — 108 562 =	32) 7 200 800 — 8 559 =
23) 700 000 — 326 917 =	33) 3 560 940 — 77 812 =
24) 613 009 — 528 628 =	34) 5 000 000 — 395 =
25) 750 008 — 352 719 =	35) 8 946 300 — 1 216 830 =
26) 398 496 — 103 845 =	36) 2 607 030 — 57 963 =
27) 279 003 — 124 200 =	37) 4 008 129 — 116 875 =
28) 608 903 — 456 987 =	38) 7 654 321 — 3 914 =
29) 763 004 — 293 856 =	39) 9 004 002 — 895 =
30) 897 600 — 462 903 =	40) 1 563 027 — 17 975 =

Aufgaben für das mündliche Rechnen.

II. Multiplikation und Division.

1. Stufe.

Multiplikation.

41.	42.	43.	44.
1 × 15 =	3 × 15 =	1 × 16 =	9 × 16 =
2 × 15 =	9 × 15 =	2 × 16 =	7 × 16 =
3 × 15 =	5 × 15 =	3 × 16 =	4 × 16 =
4 × 15 =	7 × 15 =	4 × 16 =	10 × 16 =
5 × 15 =	1 × 15 =	5 × 16 =	2 × 16 =
6 × 15 =	4 × 15 =	6 × 16 =	6 × 16 =
7 × 15 =	6 × 15 =	7 × 16 =	1 × 16 =
8 × 15 =	10 × 15 =	8 × 16 =	5 × 16 =
9 × 15 =	2 × 15 =	9 × 16 =	3 × 16 =
10 × 15 =	8 × 15 =	10 × 16 =	8 × 16 =

45.	46.	47.	48.
1 × 24 =	6 × 24 =	7 × 24 =	1 × 24 =
2 × 24 =	7 × 24 =	2 × 24 =	6 × 24 =
3 × 24 =	8 × 24 =	10 × 24 =	4 × 24 =
4 × 24 =	9 × 24 =	3 × 24 =	9 × 24 =
5 × 24 =	10 × 24 =	8 × 24 =	5 × 24 =

1.	2.	3.	4.
1 × 25 =	6 × 25 =	4 × 25 =	8 × 25 =
2 × 25 =	7 × 25 =	9 × 25 =	5 × 25 =
3 × 25 =	8 × 25 =	7 × 25 =	2 × 25 =
4 × 25 =	9 × 25 =	1 × 25 =	10 × 25 =
5 × 25 =	10 × 25 =	3 × 25 =	6 × 25 =

Division.

5.	6.	7.	8.
45 : 15 = *)	112 : 16 =	168 : 24 =	150 : 25 =
60 : 15 =	64 : 16 =	72 : 24 =	75 : 25 =
105 : 15 =	160 : 16 =	216 : 24 =	200 : 25 =
150 : 15 =	96 : 16 =	96 : 24 =	50 : 25 =
15 : 15 =	144 : 16 =	240 : 24 =	175 : 25 =
120 : 15 =	80 : 16 =	24 : 24 =	250 : 25 =
75 : 15 =	32 : 16 =	120 : 24 =	100 : 25 =
135 : 15 =	128 : 16 =	192 : 24 =	25 : 25 =
30 : 15 =	16 : 16 =	48 : 24 =	225 : 25 =
90 : 15 =	48 : 16 =	144 : 24 =	125 : 25 =

---

2. Stufe.

Multiplikation.

Beispiel:

8 × 78 = ?

8 × 70 = 560
8 × 8 = 64

8 × 78 = 624

9.	10.	11.	12.	13.
7 × 53 =	6 × 68 =	5 × 94 =	6 × 95 =	9 × 59 =
8 × 64 =	9 × 77 =	6 × 59 =	9 × 83 =	8 × 87 =
3 × 92 =	5 × 98 =	9 × 98 =	5 × 87 =	7 × 74 =
5 × 48 =	7 × 46 =	7 × 36 =	8 × 46 =	9 × 96 =
7 × 79 =	3 × 86 =	6 × 88 =	4 × 96 =	6 × 47 =
4 × 87 =	8 × 39 =	8 × 65 =	8 × 63 =	4 × 98 =
9 × 45 =	5 × 59 =	9 × 74 =	9 × 47 =	7 × 56 =
6 × 63 =	4 × 67 =	5 × 49 =	6 × 38 =	8 × 78 =
4 × 85 =	7 × 73 =	7 × 63 =	8 × 59 =	6 × 49 =
8 × 67 =	8 × 85 =	9 × 84 =	5 × 97 =	9 × 94 =

*) Lies: 45 **geteilt durch** 15.

Division.

Beispiele:

1) 355 : 5 = ?
350 : 5 = 70
5 : 5 = 1
355 : 5 = 71

2) 483 : 7 = ?
420 : 7 = 60
63 : 7 = 9
483 : 7 = 69

1.	2.	3.	4.
243 : 3 =	728 : 8 =	426 : 6 =	270 : 5 =
205 : 5 =	248 : 4 =	204 : 4 =	336 : 7 =
284 : 4 =	186 : 2 =	568 : 8 =	432 : 8 =
366 : 6 =	219 : 3 =	124 : 4 =	255 : 3 =
819 : 9 =	306 : 6 =	546 : 6 =	702 : 9 =
155 : 5 =	729 : 9 =	459 : 9 =	399 : 7 =
128 : 2 =	408 : 8 =	168 : 4 =	177 : 3 =
328 : 4 =	305 : 5 =	164 : 2 =	230 : 5 =
455 : 5 =	276 : 3 =	364 : 4 =	658 : 7 =
549 : 9 =	186 : 6 =	567 : 7 =	768 : 8 =

5.	6.	7.	8.
384 : 4 =	600 : 8 =	297 : 3 =	282 : 3 =
470 : 5 =	304 : 4 =	504 : 9 =	616 : 8 =
343 : 7 =	873 : 9 =	290 : 5 =	395 : 5 =
243 : 9 =	525 : 7 =	344 : 8 =	294 : 6 =
192 : 4 =	260 : 5 =	228 : 3 =	512 : 8 =
237 : 3 =	258 : 3 =	539 : 7 =	288 : 3 =
704 : 8 =	756 : 9 =	621 : 9 =	891 : 9 =
425 : 5 =	356 : 4 =	664 : 8 =	693 : 7 =
438 : 6 =	776 : 8 =	285 : 5 =	264 : 4 =
231 : 3 =	588 : 6 =	336 : 7 =	258 : 6 =

3. Stufe.

Multiplikation.

Beispiel:

3 × 189 = ?
3 × 100 = 300
3 × 80 = 240
3 × 9 = 27
3 × 189 = 567

9.	10.	11.	12.
3 × 218 =	3 × 316 =	5 × 153 =	3 × 278 =
6 × 135 =	2 × 167 =	8 × 125 =	6 × 119 =
2 × 379 =	7 × 113 =	2 × 416 =	2 × 395 =
4 × 225 =	4 × 249 =	4 × 137 =	7 × 142 =
6 × 143 =	3 × 192 =	7 × 129 =	4 × 164 =

1.	2.	3.	4.
2 × 159 =	6 × 165 =	5 × 166 =	4 × 186 =
8 × 123 =	4 × 213 =	2 × 397 =	2 × 279 =
5 × 157 =	2 × 428 =	8 × 114 =	8 × 123 =
7 × 136 =	5 × 179 =	3 × 237 =	3 × 196 =
3 × 197 =	7 × 127 =	6 × 118 =	5 × 155 =

Division.

Beispiele:

1)	2)
705 : 5 = ?	936 : 4 = ?
500 : 5 = 100	800 : 4 = 200
200 : 5 = 40	120 : 4 = 30
5 : 5 = 1	16 : 4 = 4
705 : 5 = 141	936 : 4 = 234

5.	6.	7.	8.
364 : 2 =	352 : 2 =	973 : 7 =	616 : 4 =
516 : 3 =	534 : 3 =	795 : 3 =	894 : 6 =
905 : 5 =	704 : 4 =	984 : 8 =	915 : 5 =
987 : 7 =	635 : 5 =	745 : 5 =	398 : 2 =
644 : 4 =	570 : 2 =	708 : 4 =	804 : 6 =
906 : 6 =	959 : 7 =	596 : 2 =	796 : 4 =
782 : 2 =	932 : 4 =	938 : 7 =	940 : 5 =
655 : 5 =	585 : 3 =	980 : 5 =	894 : 3 =
576 : 3 =	992 : 8 =	882 : 6 =	762 : 6 =
548 : 2 =	756 : 2 =	858 : 3 =	536 : 2 =

4. Stufe.

Multiplikation.

Beispiele:

1)	2)	3)
30 × 20 = ?*)	27 × 20 = ?	30 × 26 = ?
30 × 10 = 300	20 × 20 = 400	30 × 20 = 600
300 × 2 = 600	7 × 20 = 140	30 × 6 = 180
30 × 20 = 600	27 × 20 = 540	30 × 26 = 780

9.	10.	11.	12.
10 × 10 =	20 × 20 =	14 × 10 =	27 × 20 =
20 × 10 =	30 × 30 =	17 × 10 =	17 × 40 =
10 × 70 =	40 × 20 =	25 × 10 =	14 × 60 =
50 × 10 =	20 × 50 =	37 × 10 =	13 × 70 =
10 × 90 =	10 × 80 =	49 × 10 =	12 × 80 =
30 × 10 =	30 × 20 =	73 × 10 =	42 × 20 =
10 × 80 =	20 × 40 =	54 × 10 =	25 × 40 =
40 × 10 =	10 × 30 =	68 × 10 =	13 × 60 =
10 × 60 =	20 × 30 =	86 × 10 =	28 × 30 =
100 × 10 =	50 × 20 =	95 × 10 =	19 × 40 =

*) 20 = 10 × 2; also ist 30 × 20 = 30 × 10 × 2.

1.	2.	3.	4.
15 × 40 =	30 × 26 =	20 × 43 =	30 × 15 =
14 × 70 =	20 × 27 =	30 × 25 =	70 × 12 =
16 × 30 =	40 × 16 =	70 × 14 =	40 × 13 =
29 × 20 =	20 × 19 =	40 × 19 =	20 × 26 =
16 × 60 =	50 × 18 =	20 × 38 =	60 × 13 =
18 × 40 =	70 × 13 =	60 × 14 =	50 × 15 =
35 × 20 =	40 × 24 =	30 × 29 =	20 × 46 =
26 × 30 =	20 × 17 =	40 × 17 =	30 × 27 =
25 × 40 =	50 × 19 =	20 × 29 =	20 × 35 =
47 × 20 =	30 × 28 =	30 × 16 =	50 × 17 =

Division.

Beispiele:

1) 280 : 20 = ?
200 : 20 = 10
80 : 20 = 4
280 : 20 = 14

2) 360 : 20 = ?
200 : 20 = 10
160 : 20 = 8
360 : 20 = 18

5.	6.	7.	8.
100 : 10 =	400 : 20 =	140 : 10 =	280 : 20 =
700 : 10 =	1000 : 20 =	370 : 10 =	390 : 30 =
900 : 10 =	600 : 30 =	440 : 10 =	840 : 40 =
400 : 10 =	800 : 40 =	560 : 10 =	460 : 20 =
600 : 10 =	200 : 20 =	920 : 10 =	550 : 50 =
200 : 10 =	1000 : 50 =	170 : 10 =	630 : 30 =
800 : 10 =	300 : 30 =	730 : 10 =	880 : 20 =
300 : 10 =	800 : 20 =	250 : 10 =	990 : 30 =
1000 : 10 =	400 : 40 =	680 : 10 =	260 : 20 =
500 : 10 =	600 : 20 =	140 : 10 =	770 : 70 =

9.	10.	11.	12.
360 : 20 =	800 : 50 =	520 : 20 =	750 : 30 =
480 : 30 =	450 : 30 =	900 : 60 =	850 : 50 =
960 : 80 =	900 : 50 =	540 : 30 =	720 : 40 =
560 : 40 =	380 : 20 =	910 : 70 =	980 : 20 =
540 : 20 =	780 : 60 =	720 : 20 =	860 : 20 =

5. Stufe.

Multiplikation.

Beispiele:

1) 2 × 630 = ?
2 × 600 = 1200
2 × 30 = 60
2 × 630 = 1260

2) 70 × 80 = ?
70 × 10 = 700
700 × 8 = 5600
70 × 80 = 5600

1.	2.	3.	4.	5.
$2 \times 700 =$	$2 \times 630 =$	$5 \times 350 =$	$70 \times 80 =$	$60 \times 50 =$
$3 \times 500 =$	$4 \times 940 =$	$3 \times 690 =$	$30 \times 50 =$	$40 \times 70 =$
$8 \times 400 =$	$7 \times 270 =$	$7 \times 430 =$	$40 \times 60 =$	$30 \times 90 =$
$9 \times 300 =$	$9 \times 320 =$	$2 \times 870 =$	$80 \times 90 =$	$50 \times 80 =$
$5 \times 600 =$	$3 \times 580 =$	$9 \times 440 =$	$30 \times 70 =$	$80 \times 30 =$
$7 \times 900 =$	$8 \times 460 =$	$4 \times 630 =$	$60 \times 80 =$	$40 \times 40 =$
$4 \times 800 =$	$5 \times 290 =$	$6 \times 380 =$	$90 \times 40 =$	$90 \times 70 =$
$6 \times 300 =$	$7 \times 320 =$	$8 \times 270 =$	$50 \times 60 =$	$70 \times 60 =$
$3 \times 700 =$	$6 \times 540 =$	$5 \times 620 =$	$70 \times 50 =$	$20 \times 90 =$
$8 \times 600 =$	$4 \times 750 =$	$7 \times 460 =$	$30 \times 80 =$	$80 \times 50 =$

Division.

Beispiele:

1) 1 280 : 2 = ?
1 200 : 2 = 600
80 : 2 = 40
1 280 : 2 = 640

2) 1 540 : 2 = ?
1 400 : 2 = 700
140 : 2 = 70
1 540 : 2 = 770

6.	7.	8.	9.	10.
3 500 : 5 =	1 280 : 2 =	1 540 : 2 =	2 040 : 3 =	2 400 : 60 =
4 800 : 8 =	3 570 : 7 =	2 340 : 3 =	4 340 : 7 =	1 800 : 30 =
1 200 : 4 =	4 080 : 8 =	4 380 : 6 =	3 160 : 4 =	6 300 : 70 =
1 800 : 9 =	1 640 : 2 =	2 160 : 4 =	1 504 : 8 =	2 800 : 40 =
1 600 : 2 =	4 590 : 9 =	5 200 : 8 =	1 776 : 2 =	8 100 : 90 =
2 500 : 5 =	2 760 : 3 =	3 800 : 5 =	1 485 : 9 =	3 000 : 50 =
6 300 : 7 =	3 050 : 5 =	5 040 : 9 =	3 965 : 5 =	1 600 : 20 =
2 700 : 3 =	1 860 : 2 =	1 960 : 2 =	4 356 : 6 =	5 600 : 80 =
3 600 : 6 =	2 480 : 4 =	2 340 : 6 =	2 956 : 4 =	4 200 : 70 =
6 400 : 8 =	4 270 : 7 =	2 820 : 3 =	4 632 : 8 =	2 100 : 30 =

Aufgaben für das schriftliche Rechnen.

III. Multiplikation.

11) 765 $\times 2$	12) 938 $\times 3$	13) 685 $\times 4$	14) 876 $\times 5$	15) 492 $\times 6$	16) 747 $\times 7$
17) 562 $\times 8$	18) 346 $\times 9$	19) 2 317 $\times 2$	20) 4 536 $\times 3$	21) 8 145 $\times 4$	
22) 3 748 $\times 5$	23) 6 529 $\times 6$	24) 7 394 $\times 7$	25) 8 056 $\times 8$	26) 6 309 $\times 9$	

1) 13 709 × 2, 3, 4, 5, 6, 7, 8, 9 =
2) 209 508 × 2, 3, 4, 5, 6, 7, 8, 9 =
3) 1 543 722 × 2, 3, 4, 5, 6, 7, 8, 9 =
4) 4 203 859 × 2, 3, 4, 5, 6, 7, 8, 9 =
5) 885 372 × 2, 3, 4, 5, 6, 7, 8, 9 =
6) 634 089 × 2, 3, 4, 5, 6, 7, 8, 9 =

Beispiele:

1)	2)
4 865	13 420
× 70	× 50
340 550	671 000

7)	8)	9)	10)	11)
2 857	5 642	13 958	17 471	32 693
× 20	× 50	× 70	× 90	× 30

12)	13)	14)	15)	16)
28 567	12 836	77 548	8 640	7 970
× 80	× 40	× 60	× 30	× 50

17)	18)	19)	20)	21)	22)
3 580	2 960	24 070	63 580	52 700	93 600
× 70	× 90	× 20	× 40	× 60	× 80

23) 438 × 10, 20, 30, 40, 50, 60, 70, 80, 90 =
24) 795 × 10, 20 bis 90 =
25) 6 804 × 10, 20 bis 90 =
26) 9 437 × 10, 20 bis 90 =
27) 5 628 × 10, 20 bis 90 =
28) 14 209 × 10, 20 bis 90 =
29) 56 042 × 10, 20 bis 90 =
30) 43 683 × 10, 20 bis 90 =
31) 76 542 × 10, 20 bis 90 =
32) 103 208 × 10, 20 bis 90 =
33) 470 836 × 10, 20 bis 90 =
34) 234 057 × 10, 20 bis 90 =
35) 562 109 × 10, 20 bis 90 =
36) 305 824 × 10, 20 bis 90 =
37) 370 × 10, 20 bis 90 =
38) 6 850 × 10, 20 bis 90 =
39) 9 430 × 10, 20 bis 90 =
40) 13 270 × 10, 20 bis 90 =
41) 44 820 × 10, 20 bis 90 =
42) 207 400 × 10, 20 bis 90 =

---

1) 6 734 × 300 2) 8 972 × 700 3) 46 374 × 900 4) 85 360 × 600

5) 74 030 × 200 6) 60 530 × 400 7) 97 650 × 800 8) 29 500 × 500

9) 17 060 × 600 10) 94 300 × 800 11) 64 530 × 700 12) 12 468 × 400

13) 4 293 × 5 000 14) 2 785 × 2 000 15) 9 374 × 8 000 16) 3 958 × 4 000 17) 7 203 × 6 000

18) 7 684 × 200, 300, 400 bis 900 =
19) 5 039 × 200, 300, 400 bis 900 =
20) 8 621 × 200, 300, 400 bis 900 =
21) 1 573 × 2000, 3000, 4000 bis 9000 =
22) 3 059 × 2000, 3000, 4000 bis 9000 =
23) 6 287 × 2000, 3000, 4000 bis 9000 =

Beispiele:

```
1)   783       2)  1 609       3)   7 432
   × 47          × 324           × 1 350
   5 481          6 436          371 600
  31 32          32 18         2 229 6
  36 801        482 7          7 432
                521 316       10 033 200
```

24) 548 × 23 25) 927 × 59 26) 385 × 38 27) 692 × 71 28) 816 × 86

29) 6 719 × 75 30) 3 579 × 28 31) 4 682 × 36 32) 8 364 × 49 33) 5 276 × 93

---

34) 975 × a) 37 b) 48 c) 59 d) 64 e) 73 f) 86 =
35) 6 238 × a) 34 b) 45 c) 56 d) 69 e) 78 f) 92 =
36) 3 506 × a) 38 b) 43 c) 54 d) 63 e) 76 f) 89 =
37) 5 670 × a) 27 b) 36 c) 47 d) 58 e) 67 f) 96 =
38) 18 290 × a) 53 b) 87 c) 29 d) 74 e) 49 f) 54 =
39) 16 008 × a) 32 b) 26 c) 57 d) 78 e) 95 f) 64 =

---

40) 372 × a) 265 b) 743 c) 158 d) 717 e) 342 =
41) 3 958 × a) 792 b) 468 c) 173 d) 594 e) 629 =
42) 5 072 × a) 185 b) 336 c) 725 d) 162 e) 885 =

1) 6 804 × a) 344 b) 671 c) 542 d) 382 e) 935 =
2) 20 386 × a) 567 b) 329 c) 475 d) 791 e) 446 =
3) 74 051 × a) 295 b) 599 c) 784 d) 328 e) 493 =

---

4) 3 542 × a) 5 423 b) 1 618 c) 7 325 d) 3 294 =
5) 7 630 × a) 1 548 b) 2 394 c) 2 491 d) 2 531 =
6) 8 095 × a) 2 717 b) 6 543 c) 3 625 d) 8 459 =
7) 4 307 × a) 8 492 b) 9 742 c) 8 764 d) 1 527 =
8) 15 254 × a) 3 624 b) 1 275 c) 5 329 d) 3 493 =
9) 23 891 × a) 2 758 b) 8 642 c) 4 671 d) 6 543 =

---

10) 349 × a) 430 b) 760 c) 950 d) 320 e) 680 =
11) 592 × a) 370 b) 840 c) 270 d) 580 e) 940 =
12) 807 × a) 710 b) 630 c) 870 d) 490 e) 340 =
13) 1 728 × a) 3 270 b) 6 850 c) 5 430 d) 1 230 =
14) 2 935 × a) 5 480 b) 9 730 c) 7 890 d) 6 420 =
14) 6 861 × a) 1 630 b) 3 450 c) 6 740 d) 7 490 =

Beispiele:

1)	2)	3)
3 962	1 273	5 084
× 305	× 4 025	× 6 003
19 810	6 365	15 252
1 188 6	25 46	30 504
1 208 410	5 092	30 519 252
	5 123 825	

15) 5 953 × a) 607 b) 208 c) 509 d) 806 e) 405 =
16) 6 207 × a) 902 b) 603 c) 401 d) 108 e) 506 =
17) 3 480 × a) 306 b) 207 c) 509 d) 804 e) 708 =
18) 2 317 × a) 702 b) 508 c) 309 d) 602 e) 209 =
19) 15 208 × a) 904 b) 302 c) 607 d) 204 e) 805 =
20) 26 945 × a) 306 b) 704 c) 405 d) 806 e) 609 =

---

21) 7 833 × a) 8 005 b) 3 007 c) 5 006 d) 7 004 =
22) 6 428 × a) 2 005 b) 7 035 c) 5 603 d) 9 057 =
23) 5 219 × a) 8 004 b) 6 008 c) 8 207 d) 5 608 =
24) 13 468 × a) 6 007 b) 2 309 c) 6 068 d) 1 027 =
25) 24 731 × a) 3 009 b) 5 067 c) 3 029 d) 4 007 =
26) 36 079 × a) 8 065 b) 3 005 c) 5 603 d) 3 904 =

---

1) 75 684 ×	a) 39 516	b) 57 432	c) 18 642	d) 37 251 =
2) 84 700 ×	a) 70 804	b) 60 307	c) 20 503	d) 90 807 =
3) 31 628 ×	a) 80 073	b) 56 008	c) 37 200	d) 16 004 =
4) 54 032 ×	a) 50 008	b) 60 009	c) 85 000	d) 94 007 =
5) 63 804 ×	a) 70 600	b) 30 507	c) 48 003	d) 40 302 =
6) 95 621 ×	a) 86 040	b) 65 903	c) 20 068	d) 76 002 =

---

7) 105 208 ×	a) 693	b) 8 094	c) 709	d) 115 008 =
8) 213 974 ×	a) 6 009	b) 3 700	c) 893	d) 6 002 =
9) 524 311 ×	a) 748	b) 60 704	c) 6 204	d) 2 854 =
10) 5 829 ×	a) 3 816	b) 2 900	c) 3 085	d) 9 807 =
11) 17 630 ×	a) 508	b) 7 009	c) 1 943	d) 1 884 =
12) 300 960 ×	a) 2 704	b) 384	c) 70 085	d) 42 819 =

IV. Division.

Beispiele:

1) $19^{1}536 : 3$
= 6 512

2) $27^{2}9^{4}4^{4}7 : 5$
= 5 5 8 9 R. 2

13) 6 218 : 2 14) 1 272 : 3 15) 3 648 : 4 16) 1 810 : 5

17) 2 352 : 6 18) 4 347 : 7 19) 1 976 : 8 20) 5 067 : 9

21) 20 568 : 6 22) 38 358 : 9 23) 21 072 : 4 24) 6 783 : 7

25) 18 694 : 2 26) 39 615 : 5 27) 51 037 : 7 28) 105 472 : 2

29) 3 965 : 5 30) 38 466 : 9 31) 7 800 : 8 32) 17 358 : 6

33) 42 525 : 9 34) 55 671 : 7

35) 8 516 : 2, 3, 4, 5, 6, 7, 8, 9 =
36) 17 427 : 2, 3, 4 bis 9 =
37) 58 919 : 2, 3, 4 bis 9 =
38) 77 324 : 2, 3, 4 bis 9 =
39) 516 459 : 2, 3, 4 bis 9 =
40) 123 746 : 2, 3, 4 bis 9 =
41) 845 823 : 2, 3, 4 bis 9 =
42) 703 608 : 2, 3, 4 bis 9 =
43) 960 047 : 2, 3, 4 bis 9 =

Beispiele:

1) $2583\not{0} : 1\not{0}$ $= 2583$ 2) $1784\not{5} : 1\not{0}$ $= 1784$ R. 5

3) $23^{2}9^{2}4\not{0} : 3\not{0}$ $= 7\ 9\ 8$ 4) $5^{1}9^{1}4\not{7} : 2\not{0}$ $= 2\ 9\ 7$ R. 7 5) $6^{1}57^{2}\not{8} : 5\not{0}$ $= 1\ 31$ R. 28

1) 7 530 : 10 2) 8 970 : 10 3) 9 580 : 10 4) 2 690 : 10

5) 17 230 : 10 6) 460 810 : 10 7) 55 940 : 10 8) 717 430 : 10

9) 8 639 : 10 10) 7 458 : 10 11) 3 426 : 10 12) 9 365 : 10

13) 23 946 : 10 14) 65 943 : 10 15) 32 917 : 10 16) 10 425 : 10

17) 6 940 : 20 18) 23 940 : 30 19) 157 800 : 40 20) 43 450 : 50

21) 16 140 : 60 22) 262 780 : 70 23) 437 760 : 80 24) 71 910 : 90

25) 9 120 : 20 26) 217 080 : 30 27) 31 640 : 40 28) 45 650 : 50

29) 139 080 : 60 30) 344 470 : 70 31) 296 320 : 80 32) 22 230 : 90

33) 123 640 : 20 34) 110 550 : 30 35) 321 680 : 40 36) 421 800 : 50

37) 288 860 : 60 38) 68 040 : 70 39) 41 360 : 80 40) 58 410 : 90

41) 8 562 : 20, 30, 40, 50, 60, 70, 80, 90 =
42) 9 849 : 20, 30, 40 bis 90 =
43) 24 972 : 20, 30, 40 bis 90 =
44) 76 418 : 20, 30, 40 bis 90 =
45) 528 394 : 20, 30, 40 bis 90 =
46) 276 083 : 20, 30, 40 bis 90 =
47) 87 654 : 200, 300, 400 bis 900 =
48) 40 732 : 200, 300, 400 bis 900 =
49) 96 581 : 200, 300, 400 bis 900 =
50) 340 708 : 200, 300, 400 bis 900 =
51) 594 305 : 2000, 3000, 4000 bis 9000 =
52) 127 432 : 2000, 3000, 4000 bis 9000 =
53) 807 364 : 2000, 3000, 4000 bis 9000 =

Beispiele: mit Probe:

1) 160 548 : 51 = 3 148
153
75
51
244
204
408
408

2) 59 7 6 3 : 182 = 328

Division	Probe
54 6	× 182
5.1 6	656
3 6 4	26 24
1 5.2.3	32 8
1 4 5 6	59 696
R. 6 7	+ 67
	59 763

1) 5 922 : 21 = 2) 22 475 : 31 = 3) 7 667 : 41 =
4) 19 992 : 51 = 5) 147 193 : 61 = 6) 53 676 : 71 =
7) 39 528 : 81 = 8) 575 464 : 91 = 9) 9 526 : 22 =
10) 22 976 : 32 = 11) 176 946 : 42 = 12) 39 468 : 52 =
13) 564 448 : 62 = 14) 12 168 : 72 = 15) 5 330 : 82 =
16) 37 076 : 92 = 17) 9 334 : 13 = 18) 13 497 : 33 =
19) 35 669 : 53 = 20) 51 684 : 73 = 21) 63 054 : 93 =
22) 13 368 : 24 = 23) 8 140 : 44 = 24) 40 896 : 64 =
25) 76 608 : 84 = 26) 7 725 : 15 = 27) 31 860 : 45 =
28) 35 100 : 75 = 29) 89 300 : 95 = 30) 31 824 : 36 =
31) 52 074 : 66 = 32) 80 668 : 86 = 33) 9 316 : 17 =
34) 37 835 : 47 = 35) 41 811 : 77 = 36) 46 560 : 97 =
37) 17 766 : 18 = 38) 19 266 : 38 = 39) 12 172 : 68 =
40) 77 792 : 88 = 41) 17 271 : 19 = 42) 24 853 : 29 =
43) 27 612 : 59 = 44) 63 516 : 79 = 45) 93 852 : 99 =

---

46)	75 684 :	a) 21	b) 31	c) 41	d) 51	e) 61	f) 71 =
47)	80 739 :	a) 23	b) 33	c) 43	d) 53	e) 63	f) 73 =
48)	92 481 :	a) 25	b) 35	c) 45	d) 55	e) 65	f) 75 =
49)	105 832 :	a) 27	b) 37	c) 47	d) 57	e) 67	f) 77 =
50)	764 039 :	a) 29	b) 39	c) 49	d) 59	e) 69	f) 79 =
51)	825 164 :	a) 43	b) 54	c) 65	d) 76	e) 87	f) 98 =
52)	1 220 618 :	a) 27	b) 34	c) 58	d) 62	e) 79	f) 85 =
53)	3 735 840 :	a) 19	b) 28	c) 37	d) 46	e) 55	f) 64 =

---

54)	180 147 :	a) 103	b) 206	c) 304	d) 806	e) 509 =
55)	893 332 :	a) 316	b) 214	c) 617	d) 418	e) 812 =
56)	755 136 :	a) 513	b) 118	c) 714	d) 915	e) 619 =
57)	150 375 :	a) 125	b) 223	c) 425	d) 527	e) 728 =
58)	470 316 :	a) 231	b) 334	c) 536	d) 635	e) 837 =

1) 465 366 :	a) 242	b) 443	c) 651	d) 354	e) 556 =
2) 370 862 :	a) 263	b) 564	c) 769	d) 172	e) 273 =
3) 162 931 :	a) 378	b) 182	c) 586	d) 287	e) 388 =
4) 503 072 :	a) 291	b) 492	c) 594	d) 695	e) 796 =
5) 654 930 :	a) 397	b) 896	c) 498	d) 199	e) 997 =

---

6) 823 943 :	a) 1 003	b) 2 003	c) 4 005	d) 7 003	e) 6 009 =
7) 406 387 :	a) 3 014	b) 5 027	c) 8 074	d) 3 059	e) 7 068 =
8) 512 763 :	a) 1 125	b) 2 136	c) 4 157	d) 6 218	e) 5 327 =
9) 1 240 734 :	a) 2 463	b) 5 578	c) 7 631	d) 4 719	e) 9 813 =
10) 3 125 818 :	a) 5 328	b) 2 719	c) 8 425	d) 3 925	e) 4 838 =
11) 7 293 856 :	a) 1 962	b) 7 825	c) 9 918	d) 5 607	e) 8 093 =
12) 2 046 317 :	a) 51 342	b) 16 385	c) 43 261	d) 76 534	e) 82 631 =
13) 8 473 629 :	a) 19 451	b) 20 742	c) 59 372	d) 28 461	e) 98 452 =

---

14) 13 624 817 :	a) 24 904	b) 33 218	c) 94 329 =
15) 27 805 903 :	a) 17 423	b) 89 561	c) 73 294 =
16) 315 904 217 :	a) 63 842	b) 55 473	c) 36 926 =
17) 6 427 309 :	a) 17 560	b) 89 600	c) 95 300 =
18) 4 036 215 :	a) 13 700	b) 65 870	c) 52 400 =
19) 16 827 053 :	a) 67 340	b) 98 000	c) 27 000 =
20) 23 516 903 :	a) 486 500	b) 223 900	c) 516 000 =

V. Das Rechnen mit benannten Zahlen.

a. Münzen:

Mark = M | Pfennig = ₰ | 1 M = 100 ₰

b. Zählmaße:

Gros = Grs.	1 Grs. = 12 Dtz.
Dutzend = Dtz.	1 Dtz. = 12 Stck.
Stück = Stck.	1 Grs. = 144 Stck.
Schock = Schck.	1 Schck. = 4 Mdl.
Mandel = Mdl.	1 Mdl. = 15 Stck.
Stück = Stck.	1 Schck. = 60 Stck.

Ballen = Bll.	1 Bll. = 10 Rs.
Ries = Rs.	1 Rs. = 20 Bch.
Buch = Bch.	1 Buch = 24 Bg. S. (Schreibpapier)
Bogen = Bg.	1 „ = 25 Bg. D. (Druckpapier)

Neue Zählung des Papiers:

1 Bll. = 10 Rs.
1 Rs. = 10 Bch.
1 Bch. = 100 Bg.

c. **Zeitmaße:**

Jahr = Jahr.	1 Jahr = 12 Mon.
Monat = Mon.	1 „ = 52 Wch.
Woche = Wch.	1 „ = 365 Tg.
Tag = Tg.	1 Mon. = 30 Tg.
Stunde = Std.	1 Wch. = 7 Tg.
Minute = Min.	1 Tg. = 24 Std.
Sekunde = Sek.	1 Std. = 60 Min.
	1 Min. = 60 Sek.

---

1. Resolvieren*).

a. Mündliche Übungen.

1) 1 M = ? ₰	2) 37 M = ? ₰	3) 400 M = ? ₰
6 „ =	65 „ =	93 „ =
9 „ =	88 „ =	770 „ =
15 „ =	136 „ =	99 „ =
19 „ =	255 „ =	100 „ =
23 „ =	300 „ =	500 „ =
17 „ =	360 „ =	880 „ =

4) 1,00 M = ? ₰	5) 6,85 M = ? ₰	6) 10,00 M = ? ₰
1,25 „ =	2,05 „ =	3,59 „ =
1,70 „ =	7,09 „ =	9,04 „ =
4,65 „ =	3,06 „ =	10,16 „ =
3,18 „ =	1,07 „ =	4,70 „ =
7,43 „ =	5,01 „ =	10,85 „ =
9,86 „ =	2,04 „ =	7,98 „ =
6,11 „ =	9,08 „ =	11,08 „ =
2,75 „ =	7,02 „ =	6,25 „ =
8,33 „ =	8,09 „ =	11,80 „ =

---

*) Resolvieren heißt: Höhere Sorten in niedere auflösen.

1)			2)			3)				
1 Grs.	= ? Dtz.		1 Dtz.	= ? Stck.		1 Grs.	3 Dtz.	= ? Dtz.		
4 „	=		5 „	=		3 „	7 „	=		
7 „	=		8 „	=		5 „	2 „	=		
9 „	=		11 „	=		9 „	8 „	=		
12 „	=		2 „	=		7 „	11 „	=		
6 „	=		7 „	=		10 „	6 „	=		
10 „	=		9 „	=		8 „	4 „	=		

4)			5)	
4 Dtz.	3 Stck.	= ? Stck.	1 Schck.	= ? Mdl.
2 „	7 „	=	7 „	=
9 „	4 „	=	9 „	=
5 „	10 „	=	13 „	=
1 „	8 „	=	15 „	=
7 „	2 „	=	20 „	=
8 „	9 „	=	75 „	=

6)		7)	
1 Mdl.	= ? Stck.	1 Schck.	= ? Stck.
3 „	=	4 „	=
7 „	=	7 „	=
9 „	=	2 „	=
4 „	=	9 „	=
8 „	=	3 „	=
2 „	=	10 „	=

8)			9)		
2 Schck.	3 Mdl.	= ? Mdl.	4 Mdl.	10 Stck.	= ? Stck.
5 „	1 „	=	2 „	7 „	=
8 „	2 „	=	8 „	5 „	=
7 „	3 „	=	10 „	12 „	=
10 „	2 „	=	7 „	8 „	=
25 „	1 „	=	3 „	14 „	=
36 „	3 „	=	9 „	6 „	=

10)			11)	
2 Schck.	40 Stck.	= ? Stck.	1 Bll.	= ? Rs.
4 „	5 „	=	6 „	=
7 „	18 „	=	3 „	=
3 „	50 „	=	15 „	=
8 „	9 „	=	20 „	=
10 „	13 „	=	37 „	=
5 „	35 „	=	100 „	=

12)		13)	
1 Rs.	= ? Bch.	1 Bch.	= ? Bg.
4 „	=	5 „	=
9 „	=	3 „	=
13 „	=	7 „	=
18 „	=	9 „	=
75 „	=	4 „	=
120 „	=	10 „	=

1)	3 Bll.	5 Rs.	= ? Rs.
	10 "	8 "	=
	14 Rs.	3 Bch.	= ? Bch.
	20 "	9 "	=
	4 Bch.	6 Bg.	= ? Bg.
	6 "	18 "	=
	8 "	20 "	=

2)	1 Jahr	= ? Mon.
	7 "	=
	3 "	=
	9 "	=
	12 "	=
	15 "	=
	20 "	=

3)	1 Mon.	= ? Tg.
	6 "	=
	9 "	=
	12 "	=
	15 "	=
	30 "	=
	50 "	=

4)	1 Jahr	= ? Wch.
	3 "	=
	5 "	=
	2 "	=
	7 "	=
	4 "	=
	6 "	=

5)	1 Wch.	= ? Tg.
	6 "	=
	8 "	=
	14 "	=
	20 "	=
	24 "	=
	30 "	=

6)	1 Tg.	= ? Std.
	7 "	=
	3 "	=
	9 "	=
	6 "	=
	4 "	=
	10 "	=

7)	1 Std.	= ? Min.
	6 "	=
	8 "	=
	4 "	=
	7 "	=
	10 "	=
	12 "	=

8)	1 Min.	= ? Sek.
	4 "	=
	9 "	=
	2 "	=
	5 "	=
	11 "	=
	15 "	=

9)	3 Jahr	4 Mon.	= ? Mon.
10)	7 "	10 "	=
11)	9 "	8 "	=
12)	7 Mon.	4 Tg.	= ? Tg.
13)	10 "	18 "	=
14)	4 "	25 "	=
15)	4 Jahr	7 Wch.	= ? Wch.
16)	2 "	20 "	=
17)	5 "	30 "	=

18)	4 Wch.	6 Tg.	= ? Tg.
19)	6 "	4 "	=
20)	9 "	3 "	=
21)	3 Tg.	10 Std.	= ? Std.
22)	6 "	15 "	=
23)	8 "	22 "	=
24)	5 Std.	40 Min.	= ? Min.
25)	7 "	58 "	=
26)	9 "	6 "	=

27)	3 Min.	20 Sek.	= ? Sek.
28)	9 Tg.	18 Std.	= ? Std.
29)	10 Jahr	10 Mon.	= ? Mon.
30)	8 Wch.	5 Tg.	= ? Wch.
31)	6 Min.	59 Sek.	= ? Sek.
32)	3 Std.	10 Min.	= ? Min.
33)	18 Mon.	15 Tg.	= ? Tg.
34)	2 Jahr	70 Tg.	= ? Tg.
35)	10 Wch.	3 Tg.	= ? Tg.

b. Schriftliche Übungen.

Beispiele:

1) 287 Grs. 85 Stck. = ? Stck.
× 144
1 148
11 48
28 7
41 328 Stck.
\+ 85 „
= 41 413 Stck.

2) 13 Jahr 5 Mon. 6 Tg. 13 Std. 45 Min. = ? Min.
× 12 + 5 Mon.
161 Mon.
× 30 + 6 Tg.
4 836 Tg.
× 24 + 13 Std.
116 077 Std.
× 60 + 45 Min.
= 6 964 665 Min.

1) 308 Grs.	17 Stck. = ? Stck.	6) 29 Grs.	7 Dtz. = ? Dtz.
2) 459 „	120 „ =	7) 87 „	4 „ =
3) 784 „	64 „ =	8) 114 „	8 „ =
4) 279 „	37 „ =	9) 257 „	1 „ =
5) 832 „	125 „ =	10) 609 „	11 „ =

11)	17 Grs.	5 Dtz.	9 Stck.	= ? Stck.
12)	94 „	7 „	10 „	=
13)	105 „	11 „	4 „	=
14)	218 „	8 „	2 „	=
15)	432 „	3 „	5 „	=

16)	85 Schck.	45 Stck.	= ? Stck.
17)	97 „	8 „	=
18)	215 „	53 „	=
19)	764 „	32 „	=
20)	529 „	6 „	=

21)	18 Schck.	2 Mdl.	12 Stck.	= ? Stck.
22)	64 „	1 „	7 „	=
23)	83 „	3 „	10 „	=
24)	117 „	2 „	8 „	=
25)	286 „	1 „	4 „	=

1)	21 Bll.	5 Rs.	8 Bch.	= ? Bch.
2)	34 „	9 „	2 „	=
3)	87 „	3 „	4 „	=
4)	123 „	8 „	9 „	=
5)	465 „	4 „	6 „	=

6)	9 Rs.	18 Bch.	23 Bg. S.	= ? Bg.
7)	4 „	8 „	13 „ „	=
8)	7 „	14 „	9 „ „	=
9)	2 „	7 „	20 „ D.	=
10)	8 „	11 „	5 „ „	=
11)	6 „	15 „	21 „ „	=

12)	17 Bll.	8 Rs.	15 Bch.	13 Bg. S.	= ? Bg.
13)	23 „	4 „	8 „	9 „ „	=
14)	18 „	2 „	10 „	20 „ „	=
15)	35 „	9 „	7 „	5 „ D.	=
16)	9 „	3 „	4 „	22 „ „	=
17)	16 „	7 „	13 „	7 „ „	=

18)	12 Jahr	3 Mon.	17 Tg.	= ? Tg.
19)	25 „	10 „	25 „	=
20)	18 „	4 „	6 „	=
21)	36 „	8 „	14 „	=
22)	41 „	11 „	27 „	=

23)	8 Jahr	46 Wch.	= ? Wch.
24)	15 „	7 „	=
25)	23 „	18 „	=
26)	34 „	9 „	=
27)	45 „	50 „	=

28)	3 Jahr	214 Tg.	16 Std.	= ? Std.
29)	7 „	105 „	12 „	=
30)	10 „	17 „	9 „	=
31)	18 Tg.	20 Std.	35 Min.	= ? Min.
32)	24 „	8 „	54 „	=
33)	28 „	21 „	7 „	=
34)	9 Std.	46 Min.	13 Sek.	= ? Sek.
35)	13 „	58 „	58 „	=
36)	18 „	32 „	25 „	=

37) 37 Jahr = ? Std.	39) 62 Tg. = ? Sek.	41) 48 Wch. = ? Min.
38) 100 „ =	40) 120 „ =	42) 51 „ =

43)	9 Jahr	7 Mon.	15 Tg.	8 Std.	13 Min.	= ? Min.
44)	12 „	4 „	24 „	10 „	42 „	=
45)	16 „	10 „	9 „	21 „	58 „	=

2. Reduzieren *).

a. Mündliche Übungen.

1) 100 ₰ = ? M	11) 307 ₰ = ? M u. ₰	21) 895 ₰ = ? M u. ₰
2) 300 „ =	12) 440 „ =	22) 1 607 „ =
3) 700 „ =	13) 475 „ =	23) 1 428 „ =
4) 400 „ =	14) 507 „ =	24) 2 914 „ =
5) 800 „ =	15) 570 „ =	25) 2 336 „ =
6) 1 000 „ =	16) 609 „ =	26) 4 811 „ =
7) 1 400 „ =	17) 615 „ =	27) 5 070 „ =
8) 3 700 „ =	18) 688 „ =	28) 8 109 „ =
9) 2 400 „ =	19) 708 „ =	29) 7 235 „ =
10) 5 200 „ =	20) 718 „ =	30) 9 460 „ =

---

31) 96 Dtz. = ? Grs. u. Dtz.	37) 72 Stck. = ? Dtz. u. Stck.
32) 120 „ =	38) 45 „ =
33) 192 „ =	39) 108 „ =
34) 75 „ =	40) 94 „ =
35) 104 „ =	41) 122 „ =
36) 150 „ =	42) 136 „ =

43) 36 Mdl. = ? Schck. u. Mdl.	49) 50 Stck. = ? Mdl. u. Stck.
44) 48 „ =	50) 82 „ =
45) 53 „ =	51) 120 „ =
46) 76 „ =	52) 136 „ =
47) 95 „ =	53) 70 „ =
48) 100 „ =	54) 142 „ =

55) 190 Stck. = ? Schck. u. Stck.	61) 17 Rs. = ? Bll. u. Rs.
56) 82 „ =	62) 85 „ =
57) 145 „ =	63) 140 „ =
58) 360 „ =	64) 268 „ =
59) 200 „ =	65) 314 „ =
60) 435 „ =	66) 427 „ =

67) 85 Bch. = ? Rs. u. Bch.	73) 60 Bg. S. = ? Bch. u. Bg.
68) 140 „ =	74) 94 „ =
69) 176 „ =	75) 102 „ =
70) 212 „ =	76) 33 „ =
71) 238 „ =	77) 120 „ =
72) 159 „ =	78) 144 „ =

*) Reduzieren heißt: Niedere Sorten auf höhere zurückführen.

1) 35 Bg. D. = ? Bch. u. Bg.
2) 56 „ =
3) 72 „ =
4) 99 „ =
5) 113 „ =
6) 186 „ =
7) 18 Mon. = ? Jahr u. Mon.
8) 23 „ =
9) 44 „ =
10) 60 „ =
11) 105 „ =
12) 120 „ =

13) 70 Tg. = ? Mon. u. Tg.
14) 90 „ =
15) 140 „ =
16) 186 „ =
17) 214 „ =
18) 250 „ =
19) 65 Wch. = ? Jahr u. Wch.
20) 82 „ =
21) 100 „ =
22) 156 „ =
23) 190 „ =
24) 204 „ =

25) 13 Tg. = ? Wch. u. Tg.
26) 35 „ =
27) 48 „ =
28) 69 „ =
29) 87 „ =
30) 116 „ =
31) 40 Std. = ? Tg. u. Std.
32) 72 „ =
33) 93 „ =
34) 106 „ =
35) 124 „ =
36) 246 „ =

37) 80 Min. = ? Std. u. Min.
38) 130 „ =
39) 155 „ —
30) 206 „ =
41) 248 „ =
42) 300 „ =
43) 95 Sek. = ? Min. u. Sek.
44) 128 „ =
45) 174 „ =
46) 200 „ =
47) 265 „ =
48) 324 „ =

49) 117 Rs. = ? Bll. u. Rs.
50) 237 Min. = ? Std. u. Min.
51) 180 Stck. = ? Dtz. u. Stck.
52) 96 Tg. = ? Wch. u. Tg.
53) 340 Bch. = ? Rs. u. Bch.
54) 57 Std. = ? Tg. u. Std.
55) 128 Stck. = ? Mdl. u. Stck.
56) 264 Mon. = ? Jahr. u. Mon.
57) 95 Dtz. = ? Grs. u. Dtz.
58) 378 Sek. = ? Min. u. Sek.
59) 400 Stck. = ? Schck. u. Stck.
60) 57 Tg. = ? Wch. u. Tg.
61) 236 Min. = ? Std. u. Min.
62) 195 Tg. = ? Mon. u. Tg.
63) 205 Stck. = ? Dtz. u. Stck.
64) 126 Sek. = ? Min. u. Sek.

---

b. Schriftliche Übungen.

Beispiele:

1) 2 719 Stck. = ? Schck., Mdl. u. Stck.

2 719 Stck. : 15 = 181 Mdl. : 4 = 45 Schck.

15   16
121   21
120   20
19   1 Mdl.
15
4 Stck.

= 45 Schck. 1 Mdl. 4 Stck.

2) 156 719 Std. = ? Jahr, Mon., Tg. u. Std.

156 719 Std. : 24 = 6 529 Tg. : 30 = 217 Mon. : 12 = 18 Jahr

144	6	12
12 7	5	97
12 0	3	96
71	22	1 Mon.
48	21	
239	19 Tg.	
216		
23 Std.		

= 18 Jahr 1 Mon. 19 Tg. 23 Std.

1) 428 Dtz. = ? Grs. u. Dtz.	7) 704 Stck = ? Grs. u. Stck.
2) 789 " =	8) 813 " =
3) 875 " =	9) 675 " =
4) 1 280 " =	10) 918 " =
5) 2 566 " =	11) 1 026 " =
6) 6 039 " =	12) 2 579 " =

13) 148 Stck. = ? Dtz. u. Stck.
14) 265 " =
15) 788 " =
16) 1 036 " =
17) 2 583 " =
18) 7 948 " =

19) 188 Stck. = ? Grs., Dtz. u. Stck.
20) 743 " =
21) 928 " =
22) 1 637 " =
23) 2 803 " =
24) 5 799 " =

25) 277 Stck. = ? Schck. u. Stck.
26) 823 " =
27) 2 746 " =
28) 7 908 " =
29) 10 522 " =
30) 129 313 " =

31) 119 Stck. = Schck., Mdl. u. Stck.
32) 368 " =
33) 574 " =
34) 935 " =
35) 2 784 " =
36) 5 631 " =

1) 423 Bg. D. = ? Bch. u. Bg.	7) 4 817 Bch. = ? Bll., Rs. u. Bch.
2) 382 „ „ =	8) 3 538 „ =
3) 567 „ „ =	9) 7 603 „ =
4) 284 „ „ =	10) 8 941 „ =
5) 932 „ „ =	11) 5 622 „ =
6) 707 „ „ =	12) 4 387 „ =

13) 7 446 Bg. S. = ? Bll., Rs., Bch. u. Bg.
14) 8 034 „ „ =
15) 11 815 „ „ =
16) 65 031 „ „ =
17) 72 318 „ „ =
18) 96 277 „ „ =

19) 782 Tg. = ? Jahr u. Tg.	25) 315 Tg. = ? Wch. u. Tg.
20) 958 „ =	26) 452 „ =
21) 1 176 „ =	27) 711 „ =
22) 1 380 „ =	28) 386 „ =
23) 25 926 „ =	29) 235 „ =
24) 86 807 „ =	30) 1 842 „ =

31) 543 Min. = ? Std. u. Min.
32) 765 „ =
33) 1 344 „ =
34) 893 „ =
35) 2 615 „ =
36) 13 378 „ =

37) 4 816 Min. = ? Tg., Std. u. Min.
38) 7 059 „ =
39) 8 238 „ =
40) 14 562 „ =
41) 83 777 „ =

42) 97 823 Std. = ? Jahr, Mon., Tg. u. Std.
43) 108 416 „ =
44) 173 651 „ =
45) 249 326 „ =
46) 886 420 „ =
47) 367 342 „ =

48) 7 643 812 Min. = ? Jahr, Mon., Tg., Std. u. Min.
49) 6 048 174 „ =
50) 8 242 513 „ =
51) 9 600 428 „ =
52) 896 717 „ =
53) 1 804 206 „ =

Kolibri 360 GmbH
Ferdinand-Jühlke-Straße 7
99095 Erfurt, Deutschland
produktsicherheit@kolibri360.de